2017
客厅
LIVINGROOM
新中式风格
NEW CHINESE STYLE

ZZD 佐泽思维·佐泽设计 编著
ZZD THINKING & ZZD DESIGN

海峡出版发行集团 | 福建科学技术出版社
THE STRAITS PUBLISHING & DISTRIBUTING GROUP | FUJIAN SCIENCE & TECHNOLOGY PUBLISHING HOUSE

主要材料：①白色乳胶漆 ②做旧实木地板

主要材料：①艺术砖 ②木纹砖

主要材料：①微晶石 ②斑马木饰面板

主要材料：①白橡木格栅 ②仿大理石瓷砖

主要材料：①艺术壁纸 ②玻化砖

主要材料：①麻质硬包 ②柚木地板

主要材料：①黄金米黄大理石 ②麻质硬包

主要材料：①微晶石 ②玻化砖

主要材料：①浓墨山水纹大理石 ②大理石拼花地板

主要材料：①艺术玻璃 ②水晶白大理石

主要材料：①无纺布壁纸 ②玻化砖

主要材料：①艺术壁纸 ②白橡木格栅

主要材料：①铁刀木窗棂 ②中花白大理石

主要材料：①波斯灰大理石 ②大花白大理石

主要材料：①波斯灰大理石 ②爵士白大理石

主要材料：①白橡木饰面板 ②玻化砖

主要材料：①木纹玉石 ②硬包

主要材料：①皇家紫橡木饰面板 ②大理石拼花地板

主要材料：①玉石 ②大理石拼花地板

主要材料：①中花白大理石 ②麻质硬包

主要材料：①木纹石 ②实木地板

主要材料：①爵士白大理石 ②木纹石

主要材料：①波斯灰大理石 ②米黄大理石

主要材料：①玉石 ②铁刀木窗棂

主要材料：①艺术硬包 ②仿古砖

主要材料：①波斯灰大理石 ②肌理壁纸

主要材料：①木纹玉石 ②米黄洞石

主要材料：①直纹白大理石 ②实木地板

主要材料：①帕斯高灰大理石 ②大理石拼花地板

主要材料：①实木板条 ②仿古砖

主要材料：①浅啡网大理石 ②大理石拼花地板

主要材料：①榆木地板 ②阿曼米黄大理石

主要材料：①水曲柳饰面板 ②波斯海浪灰大理石

主要材料：①微晶砖 ②柚木地板

主要材料：①布艺硬包 ②金刚板

主要材料：①布艺硬包 ②仿大理石瓷砖

主要材料：①波斯灰大理石 ②灰网纹大理石

主要材料：①斑马木饰面板 ②实木地板

主要材料：①麻编硬包 ②仿古砖

主要材料：①玉石 ②榆木地板

主要材料：①木质窗棂 ②仿古砖

主要材料：①肌理漆 ②麻质壁纸

主要材料：①浓墨山水纹大理石 ②金蜘蛛大理石

主要材料：①麻质壁纸 ②金刚板

主要材料：①灰木纹石 ②实木地板

主要材料：①灰网纹大理石 ②胡桃木窗棂

主要材料：①黄金米黄大理石 ②玻化砖

主要材料：①浓墨山水纹大理石 ②木质指接板

主要材料：①黑胡桃木隔断 ②实木地板

主要材料：①白橡木饰面板 ②金刚板

主要材料：①皮革硬包 ②仿大理石瓷砖

主要材料：①红橡木饰面板 ②米黄洞石

主要材料：①海浪灰大理石 ②科技木饰面板

主要材料：①新雅米黄大理石 ②大理石拼花地板

主要材料：①沙比利饰面板 ②米黄洞石

13

主要材料：①植绒壁纸 ②米黄洞石

主要材料：①马赛克 ②玻化砖

主要材料：①橙皮红大理石 ②木纹石

主要材料：①麻质硬包 ②仿古砖

主要材料：①无纺布壁纸 ②金刚板

主要材料：①黑胡桃木饰面板 ②实木地板

主要材料：①仿大理石瓷砖 ②软包

主要材料：①文化石 ②黑胡桃木格栅

主要材料：①梦泽白大理石 ②仿大理石瓷砖

2017 客厅
LIVING ROOM

主要材料：①仿木纹砖　②玻化砖

主要材料：①硬包　②玻化砖

主要材料：①铁刀木窗棂　②软包

主要材料：①微晶石　②实木地板

主要材料：①红胡桃木饰面板　②仿大理石瓷砖

主要材料：①木纹石 ②大理石拼花地板

主要材料：①金叶米黄大理石 ②灰木纹石

主要材料：①意大利米黄大理石 ②浅啡网大理石波打线

主要材料：①意大利米黄大理石 ②深啡网大理石

主要材料：①玉石 ②意大利米黄大理石

主要材料：①沙比利窗棂 ②水曲柳木地板

主要材料：①阿曼米黄大理石 ②艺术瓷砖

主要材料：①粉红罗莎大理石 ②雅士白大理石　　　　　主要材料：①铁刀木饰面板 ②雅典米黄大理石

主要材料：①金箔壁纸 ②米黄大理石

主要材料：①米黄大理石 ②软包

主要材料：①梦泽白大理石 ②肌理壁纸

主要材料：①意大利米黄大理石 ②浅啡网大理石波打线

主要材料：①新雅米黄大理石 ②玻化砖

19

主要材料：①阿曼米黄大理石 ②木纹砖

主要材料：①黑胡桃木挂落 ②米黄大理石

主要材料：①米黄大理石 ②壁纸

主要材料：①银箔壁纸 ②布艺硬包

主要材料：①胡桃木饰面板 ②波斯灰大理石

主要材料：①大花白大理石 ②玻化砖

主要材料：①意大利米黄大理石 ②软包

主要材料：①艺术壁纸 ②木纹砖

主要材料：①金叶米黄大理石 ②仿大理石瓷砖

LIVING ROOM

主要材料：①斑马木饰面板 ②实木地板

主要材料：①沙比利饰面板 ②仿古砖

主要材料：①木纹石 ②实木地板

主要材料：①沙比利窗棂 ②壁纸

主要材料：①木纹石 ②实木地板

22

主要材料：①山水纹大理石 ②大理石拼花地板

主要材料：①玉石 ②雅士白大理石

主要材料：①文化砖 ②米黄洞石

主要材料：①艺术墙纸 ②木纹石

主要材料：①莎安娜米黄大理石 ②木质窗棂

2017 客厅
LIVING ROOM

主要材料：①山水纹大理石 ②玻化砖

主要材料：①木质饰面板 ②地毯

主要材料：①山水纹大理石 ②无纺布壁纸

主要材料：①蓝色乳胶漆 ②玻化砖

主要材料：①玻化砖 ②灰镜

24

主要材料：①艺术壁纸 ②玻化砖

主要材料：①黑胡桃木饰面板 ②麻质硬包

主要材料：①木质饰面板 ②软包

主要材料：①海浪灰大理石 ②玻化砖

主要材料：①铁刀木窗棂 ②仿大理石瓷砖

主要材料：①木纹洞石 ②肌理漆

主要材料：①晶玉石 ②红胡桃木窗棂

主要材料：①白宫米黄大理石 ②仿古砖

主要材料：①中花白大理石 ②实木地板

主要材料：①皮革软包 ②玻化砖

主要材料：①软包 ②玻化砖

主要材料：①浓墨山水纹大理石 ②大理石拼花地板

主要材料：①麻质壁纸 ②玻化砖

主要材料：①仿大理石瓷砖 ②玻化砖

主要材料：①雪白银狐大理石 ②玻化砖　　　　　　　　　主要材料：①布艺软包 ②米黄大理石

主要材料：①浅啡网大理石 ②大理石拼花地板

主要材料：①硬包 ②铁刀木窗棂　　　　　　　　　　　　主要材料：①肌理漆 ②实木地板

主要材料：①晶玉石　②红胡桃木窗棂

主要材料：①木质指接板　②灰镜

主要材料：①金线米黄大理石　②米黄洞石

主要材料：①月光米黄大理石　②榆木地板

主要材料：①爵士白大理石　②玻化砖

主要材料：①米黄洞石 ②金箔壁纸

主要材料：①爵士白大理石 ②水曲柳饰面板

主要材料：①沙比利饰面板 ②玻化砖

主要材料：①银灰洞石 ②米黄大理石

主要材料：①海纹玉大理石 ②肌理壁纸

主要材料：①植绒壁纸 ②木纹砖

主要材料：①米黄木纹石 ②爵士白大理石

主要材料：①西班牙米黄大理石 ②仿大理石瓷砖

主要材料：①米黄大理石 ②金碧辉煌大理石

主要材料：①白橡木格栅 ②木纹石

主要材料：①木纹壁纸 ②复合实木地板

主要材料：①柚木饰面板 ②做旧实木地板

主要材料：①米黄洞石 ②仿大理石瓷砖

主要材料：①中花白大理石 ②玻化砖

主要材料：①玉石 ②木纹石

主要材料：①玉石 ②大理石拼花地板

主要材料：①雪白银狐大理石 ②玻化砖

主要材料：①榆木板条 ②仿大理石瓷砖

主要材料：①金碧辉煌大理石 ②银箔壁纸

主要材料：①玉石 ②金叶米黄大理石

主要材料：①肌理漆 ②釉面砖

主要材料：①免漆板 ②玻化砖

主要材料：①砂岩浮雕 ②大理石拼花地板

主要材料：①米黄大理石 ②仿大理石瓷砖

主要材料：①莎士比亚大理石 ②麻质墙布

主要材料：①硬包 ②玻化砖

主要材料：①斑马木饰面板 ②大理石拼花地板

主要材料：①雅士白大理石 ②玻化砖

主要材料：①微晶石 ②米黄大理石拼花地板　　　　　　主要材料：①海纹玉大理石 ②金蜘蛛大理石

主要材料：①中花白大理石 ②意大利米黄大理石

主要材料：①山水纹大理石　②肌理壁纸

主要材料：①金蜘蛛大理石　②木纹砖

主要材料：①灰网纹大理石　②金叶米黄大理石

主要材料：①浅啡网大理石　②无纺布壁纸

主要材料：①微晶石　②米黄大理石

主要材料：①木纹石　②红木窗棂

主要材料：①木纹壁纸 ②灰色乳胶漆

主要材料：①木质指接板 ②米黄大理石

主要材料：①壁纸 ②玻化砖

主要材料：①水曲柳饰面板 ②玻化砖

主要材料：①艺术砖 ②肌理壁纸

主要材料：①山水纹大理石 ②肌理漆

主要材料：①红木窗棂 ②青砖

主要材料：①麻质壁纸 ②仿大理石瓷砖

主要材料：①艺术砖 ②浮雕壁纸

主要材料：①有色乳胶漆 ②玻化砖

主要材料：①仿大理石瓷砖 ②玻化砖

主要材料：①仿大理石瓷砖 ②玻化砖

主要材料：①金碧辉煌大理石 ②木纹砖

主要材料：①金花米黄大理石 ②黑胡桃木窗棂

主要材料：①金花米黄大理石 ②肌理壁纸

主要材料：①米黄洞石 ②仿大理石瓷砖

主要材料：①云朵拉灰大理石 ②柚木地板

主要材料：①云朵拉灰大理石 ②肌理壁纸

主要材料：①肌理壁纸 ②水曲柳木地板

主要材料：①布艺硬包 ②条纹壁纸

主要材料：①镜面玻璃马赛克 ②玻化砖

主要材料：①木纹砖 ②仿大理石瓷砖

主要材料：①木纹壁纸 ②仿大理石瓷砖

主要材料：①爵士白大理石 ②镜面玻璃马赛克

主要材料：①无纺布壁纸 ②深啡网大理石波打线　　　　　主要材料：①米黄木纹石 ②灰镜

主要材料：①金蜘蛛大理石 ②肌理漆

主要材料：①铁刀木窗棂 ②艺术瓷砖

主要材料：①木纤维壁纸 ②实木地板

主要材料：①米黄大理石 ②釉面砖

主要材料：①免漆板 ②米黄洞石

主要材料：①雪白银狐大理石 ②仿大理石瓷砖

主要材料：①雪白银狐大理石 ②玻化砖

主要材料：①皮革软包 ②玻化砖

主要材料：①壁纸 ②木质通花板

主要材料：①爵士白大理石 ②灰镜

主要材料：①麻质墙布 ②木纹石

主要材料：①金世纪米黄大理石 ②肌理壁纸

主要材料：①艾美米黄大理石 ②银箔壁纸

主要材料：①阿曼米黄大理石 ②大花白大理石

主要材料：①红胡桃木窗棂 ②麻织地毯

主要材料：①麻布硬包 ②索菲亚米黄大理石

主要材料：①编织纹理壁纸 ②玻化砖

主要材料：①中花白大理石 ②水曲柳木地板

主要材料：①皮革硬包 ②仿大理石瓷砖

主要材料：①仿木纹壁纸 ②仿古砖　　　　　　　　主要材料：①布艺软包 ②深啡网大理石

主要材料：①金线米黄大理石 ②无纺布壁纸　　　　主要材料：①爵士白大理石 ②玻化砖

主要材料：①浅啡网大理石 ②艺术壁纸

主要材料：①植绒壁纸 ②密度板通花

主要材料：①艺术玻化砖 ②斑马木饰面板

主要材料：①深啡网大理石 ②米黄大理石

主要材料：①砂岩浮雕 ②铁刀木窗棂

主要材料：①木纹玉石 ②木纹砖

主要材料：①红胡桃木窗棂 ②艺术墙布

主要材料：①金蜘蛛大理石 ②大理石拼花地板

主要材料：①红木挂落 ②仿古砖

主要材料：①雪花白大理石 ②大理石拼花地板

主要材料：①灰木纹石 ②大理石拼花地板

主要材料：①绒布硬包 ②爵士白大理石

主要材料：①白橡木饰面板 ②玻化砖

主要材料：①肌理漆 ②浓墨山水纹大理石

主要材料：①皮革硬包 ②艺术壁纸

主要材料：①皮雕软包 ②米黄洞石

主要材料：①艺术墙绘 ②肌理漆

主要材料：①雅士白大理石 ②麻质壁纸

主要材料：①车边银镜 ②复合实木地板

主要材料：①绒布硬包 ②木纹砖

主要材料：①黑胡桃木饰面板 ②玻化砖

主要材料：①艺术壁纸 ②马赛克

主要材料：①灰木纹石 ②铁刀木窗棂

主要材料：①金花米黄大理石 ②大理石拼花地板

主要材料：①微晶石 ②大理石拼花地板

主要材料：①金箔壁纸 ②旧米黄大理石

主要材料：①麻质壁纸 ②直纹白大理石

主要材料：①米黄大理石 ②玻化砖

主要材料：①直纹白大理石 ②实木板条斜拼

主要材料：①梦泽白大理石 ②皮革硬包

主要材料：①艺术壁纸 ②仿大理石瓷砖

主要材料：①茶镜 ②实木地板

主要材料：①木纹洞石 ②水曲柳木地板

主要材料：①艺术壁纸 ②仿大理石瓷砖

主要材料：①海纹玉大理石 ②西班牙米黄大理石

主要材料：①硬包 ②艺术壁纸

主要材料：①海纹玉大理石 ②金线米黄大理石

主要材料：①海纹玉大理石 ②金蜘蛛大理石

主要材料：①硅藻泥 ②黑白根大理石

主要材料：①浓墨山水纹大理石 ②斑马木饰面板

主要材料：①木纹洞石 ②竹编织品

主要材料：①海浪灰大理石 ②釉面砖

主要材料：①山水纹大理石 ②大理石拼花地板

主要材料：①淡黄色乳胶漆 ②玻化砖

主要材料：①金蜘蛛大理石 ②大理石拼花地板

主要材料：①金花米黄大理石 ②大理石拼花地板

主要材料：①微晶石 ②仿大理石瓷砖

主要材料：①斑马木饰面板 ②实木地板

主要材料：①木纹洞石 ②大理石拼花地板

主要材料：①爵士白大理石 ②米黄洞石

主要材料：①山水纹大理石 ②玻化砖

主要材料：①红胡桃木格栅 ②米黄木纹石

主要材料：①米黄木纹石 ②肌理漆

主要材料：①玉石 ②大理石拼花地板

主要材料：①艺术墙布 ②米黄大理石

主要材料：①橙皮红大理石 ②玻化砖

主要材料：①浓墨山水纹大理石 ②米黄大理石

主要材料：①皮革硬包 ②仿大理石瓷砖

主要材料：①玉石 ②浅啡网大理石

主要材料：①绒布硬包 ②芝麻白大理石波打线　　　　　　主要材料：①麻质壁纸 ②金刚板

主要材料：①奶油白大理石 ②意大利米黄大理石

主要材料：①铁刀木窗棂 ②仿古砖　　　　　　主要材料：①意大利灰大理石 ②米黄大理石

主要材料：①灰木纹洞石 ②红胡桃木格栅

主要材料：①微晶石 ②黑胡桃木窗棂

主要材料：①挪威红大理石 ②肌理壁纸

主要材料：①浅啡网大理石 ②玻化砖

主要材料：①粉红罗莎大理石 ②仿大理石瓷砖

主要材料：①白橡木饰面板 ②玻化砖

主要材料：①柚木饰面板 ②仿大理石瓷砖

主要材料：①红橡木饰面板 ②玻化砖

主要材料：①科技木窗棂 ②微晶石

主要材料：①青龙玉大理石 ②爵士白大理石

主要材料：①海纹玉大理石 ②大理石拼花地板

主要材料：①布艺硬包 ②胡桃木饰面板

主要材料：①山水画瓷砖 ②米黄大理石

主要材料：①红橡木饰面板 ②密度板通花

主要材料：①爵士白大理石 ②灰木纹大理石

主要材料：①爵士白大理石 ②木纹砖

主要材料：①水曲柳饰面板 ②科技木饰面板

主要材料：①地毯 ②爵士白大理石

主要材料：①柚木饰面板 ②青龙玉大理石

主要材料：①仿大理石瓷砖 ②无纺布壁纸

主要材料：①海浪灰大理石 ②仿大理石瓷砖

主要材料：①米黄大理石 ②金刚板

主要材料：①雅士白大理石 ②灰镜

主要材料：①山水纹大理石　②黑白根大理石

主要材料：①直纹白大理石　②仿古砖

主要材料：①艺术黑镜　②仿大理石瓷砖

主要材料：①皇家紫橡木饰面板　②麻质硬包

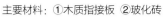

主要材料：①木质指接板 ②玻化砖

主要材料：①海纹玉大理石 ②新西米黄大理石

主要材料：①松香黄大理石 ②银镜

主要材料：①新雅米黄大理石 ②大理石拼花地板

主要材料：①科技木饰面板 ②大理石拼花地板

主要材料：①雪白银狐大理石 ②仿大理石瓷砖

主要材料：①白色乳胶漆 ②仿古砖

主要材料：①金蜘蛛大理石 ②大理石拼花地板

主要材料：①直纹白大理石 ②雅士白大理石

主要材料：①木纹石 ②浓墨山水纹大理石

主要材料：①青龙玉大理石 ②仿大理石瓷砖

主要材料：①白色乳胶漆 ②玻化砖

主要材料：①大花白大理石 ②仿古砖

主要材料：①法国木纹灰大理石 ②斑马木饰面板

主要材料：①白橡木格栅 ②硬包

主要材料：①海纹玉大理石 ②新西米黄大理石

主要材料：①麻质硬包 ②艺术砖

主要材料：①仿大理石瓷砖 ②仿古砖

主要材料：①灰木纹石 ②肌理漆

主要材料：①皮革硬包 ②玻化砖

主要材料：①山水纹大理石 ②青龙玉大理石

主要材料：①肌理壁纸 ②仿大理石瓷砖

主要材料：①粉红罗莎大理石 ②玻化砖

主要材料：①条纹壁纸 ②木纹砖

主要材料：①微晶石 ②仿大理石瓷砖

主要材料：①中花白大理石 ②白橡木饰面板

主要材料：①马赛克 ②木纤维壁纸

主要材料：①爵士白大理石 ②胡桃木窗棂

主要材料：①玉石 ②大理石拼花地板

主要材料：①木纹大理石 ②枫木饰面板

主要材料：①木纹大理石 ②有色乳胶漆

主要材料：①黑胡桃木线条 ②仿大理石瓷砖

主要材料：①爵士白大理石 ②无纺布壁纸

主要材料：①直纹白大理石 ②大理石拼花地板

主要材料：①海纹玉大理石 ②新西米黄大理石

主要材料：①胡桃木窗棂 ②仿木纹瓷砖

主要材料：①硬包 ②米黄大理石

主要材料：①山水纹大理石 ②仿大理石瓷砖

主要材料：①法国木纹灰大理石 ②白木纹大理石

主要材料：①波斯灰大理石 ②无纺布壁纸

主要材料：①硅藻泥 ②科技木饰面板

主要材料：①红胡桃木饰面板 ②地毯

主要材料：①红木饰面板 ②米黄木纹石　　　　主要材料：①帕斯高灰大理石 ②仿大理石瓷砖

主要材料：①粉红罗莎大理石 ②麻质壁纸

主要材料：①灰木纹石 ②灰色乳胶漆

主要材料：①灰木纹石 ②植绒壁纸

主要材料：①爵士白大理石 ②大理石拼花地板

主要材料：①白橡木饰面板 ②黑色烤漆玻璃

主要材料：①白色乳胶漆 ②爵士白大理石

主要材料：①雅士白大理石 ②大理石拼花地板

主要材料：①仿大理石瓷砖 ②浅灰网大理石

主要材料：①木质指接板 ②灰色乳胶漆

主要材料：①雅士白大理石 ②大理石拼花地板

主要材料：①中花白大理石 ②木纤维壁纸

主要材料：①浅色乳胶漆 ②柚木地板

主要材料：①直纹白大理石 ②实木地板

主要材料：①雪花白大理石 ②玻化砖

主要材料：①壁纸 ②玻化砖

主要材料：①胡桃木饰面板 ②木纹砖

主要材料：①红胡桃木饰面板 ②灰网纹大理石

主要材料：①西班牙米黄大理石 ②大理石拼花地板

主要材料：①灰网纹大理石 ②白色护墙板

主要材料：①仿大理石瓷砖 ②玻化砖

主要材料：①爵士白大理石 ②黑胡桃木窗棂

主要材料：①无纺布壁纸 ②木纹砖

主要材料：①无纺布壁纸 ②木纹砖

主要材料：①雪花白大理石 ②皮革硬包

主要材料：①绒布软包 ②雅士白大理石

主要材料：①青龙玉大理石 ②索菲亚米黄大理石

主要材料：①黑金花大理石 ②米黄洞石

主要材料：①雅士白大理石 ②皮革软包

主要材料：①硬包 ②肌理壁纸

主要材料：①肌理壁纸 ②木质饰面板

主要材料：①木质指接板 ②玻化砖

主要材料：①硅藻泥 ②玻化砖

主要材料：①无纺布壁纸 ②金刚板

主要材料：①水曲柳木地板 ②中花白大理石

主要材料：①仿大理石瓷砖 ②黑镜

主要材料：①硬包 ②玻化砖

主要材料：①文化石 ②艺术壁纸

主要材料：①爵士白大理石 ②木纹砖

主要材料：①花片砖 ②玻化砖

主要材料：①帕斯高灰大理石 ②雪花白大理石

主要材料：①有色乳胶漆 ②爵士白大理石

主要材料：①木质指接板 ②壁纸

主要材料：①文化石 ②水曲柳木地板

主要材料：①米黄大理石 ②仿大理石瓷砖

主要材料：①西班牙米黄大理石 ②大理石拼花地板　　　主要材料：①木质指接板 ②米黄木纹石

图书在版编目（CIP）数据

2017客厅.新中式风格 / 佐泽思维·佐泽设计编著. —福
州：福建科学技术出版社，2017.2
ISBN 978-7-5335-5244-2

Ⅰ.①2… Ⅱ.①佐… Ⅲ.①客厅－室内装饰设计－
图集 Ⅳ.①TU241-64

中国版本图书馆CIP数据核字（2017）第024189号

书　　名　2017客厅　新中式风格
编　　著　佐泽思维·佐泽设计
出版发行　海峡出版发行集团
　　　　　福建科学技术出版社
社　　址　福州市东水路76号（邮编350001）
网　　址　www.fjstp.com
经　　销　福建新华发行（集团）有限责任公司
印　　刷　福建彩色印刷有限公司
开　　本　889毫米×1194毫米　1/16
印　　张　5.5
图　　文　88码
版　　次　2017年2月第1版
印　　次　2017年2月第1次印刷
书　　号　ISBN 978-7-5335-5244-2
定　　价　35.00元